AF461172

ÉTUDES FORESTIÈRES

N° 4.

DE LA VÉGÉTATION SPONTANÉE DES PLANTES NATURELLES FORESTIÈRES

Par M. E. BÉRAUD,

Conservateur des Forêts.

AMIENS
TYPOGRAPHIE DE E. YVERT, RUE DES TROIS-CAILLOUX, 64

1867

ÉTUDES FORESTIÈRES

N° 4.

DE LA VÉGÉTATION SPONTANÉE

DES

PLANTES NATURELLES FORESTIÈRES

I.

On s'est occupé, depuis quelque temps, d'une question dite : *des générations spontanées*, qui, comme tant d'autres, a été bien souvent agitée et dont la discussion divise les savants en deux camps, celui des *Panspermistes* et celui des *Hétérogénistes*.

Les premiers reconnaissent qu'aucune génération ne s'opère, même chez les animalcules les plus exigus et les moins perceptibles, qu'au moyen de germes très-répandus dans la nature, produits eux-mêmes par des êtres de mêmes espèces et pour la naissance desquels il faut des conditions particulières.

Les hétérogénistes supposent, au contraire, que

certains animalcules peuvent, dans certaines conditions, venir à la vie sans germes provenant d'animaux congénères antérieurs. Ils ne soutiennent pas que les êtres ainsi formés viennent du néant ; ils prétendent seulement qu'il existe, dans la nature, des principes vitaux inconnus, autres que des germes proprement dits et que, par des causes aussi inconnues, ces principes peuvent donner naissance à des êtres animés : mais ils ne donnent aucune autre explication de pareilles générations et leur système paraît aussi inexplicable qu'il est inexpliqué.

Ainsi, l'expression de génération spontanée a, dans chacun des deux camps, un sens bien différent : les panspermistes et les hétérogénistes ont, d'ailleurs, cherché à appuyer leurs doctrines sur des expériences.

Les résultats obtenus par les panspermistes paraissent parfaitement d'accord avec leur opinion, puisque ceux-ci ont réussi à démontrer que l'air sur lequel ils expérimentaient était peuplé de germes et que les générations obtenues dans leurs expériences ne provenaient que de ces germes mêmes ; puisqu'ils ont montré également qu'après la destruction de ces germes il n'apparaissait plus aucune génération, tandis que, malgré toute la puissance qu'ils attribuent au principe vital, base de leur système, les hétérogénistes n'ont encore pu obtenir de générations analogues, dans un milieu, soit ne contenant naturellement aucun germe, soit privé artificiellement de tous ceux qui y étaient contenus.

Comment admettre, d'ailleurs, qu'aucune expérience puisse jamais amener, en dehors de toute parenté, la formation d'êtres vivants.

Dieu, qui a créé le monde et les êtres qui l'habitent, Dieu, l'auteur de la vie de tant d'animaux visibles et de tant d'autres invisibles, a donné à ces êtres les moyens naturels de se reproduire suivant les lois qu'il a fixées dès l'origine ; mais en dehors de ces moyens et de ces conditions, l'homme, dans ses investigations, ne peut rencontrer que des corps incapables de vie.

Un auteur a dit, il y a longtemps, avec juste raison : « Si la génération spontanée des animalcules était réelle, pourquoi n'en serait-il pas de même des oiseaux, des poissons, de tous les animaux ? Qu'importe le volume à la nature ! »

Est-il permis, en effet, de croire que la nature qui, dans celles de ses créations qui sont susceptibles d'être observées avec exactitude, est si ordonnée et obéit à des lois si admirables par leur régularité, leur constance et leur uniformité, puisse procéder, pour la reproduction des êtres, par des moyens essentiellentent différents les uns des autres ?

Ma raison n'admettra d'ailleurs jamais que de rien il puisse sortir quelque chose ; que d'un milieu dépourvu de germe il puisse sortir un être vivant, et si quelques expérimentateurs s'imaginaient que des êtres ont pu, dans les expériences auxquelles ils ont procédé, être engendrés sans germes préexistants, c'est que le milieu dans lequel ils agissaient, se trouvait peuplé de germes invisibles capables de naître, ou d'animalcules dans lesquels la vie s'était comme arrêtée, mais qui étaient doués de la faculté de revenir à la vie dans les conditions mêmes de ces expériences.

II.

Il en est de la nature végétale comme de la nature animale, et les mêmes lois primordiales président à la reproduction des êtres appartenant aux deux règnes de la nature vivante.

Dans les forêts, généralement habitées par des plantes indigènes, aucune plante ne peut produire de semence, ou, si elle en produit, cette semence n'est féconde, elle ne peut germer et la plante ne peut se développer dans toute la plénitude de sa vie que moyennant les conditions de climat, de sol, d'air et de lumière en rapport avec les exigences de sa nature et de son tempérament.

C'est ainsi que, quand elles sont insuffisamment acclimatées, certaines plantes exotiques sont incapables de reproduction ; d'autres, il est vrai, peuvent se reproduire, mais à la condition d'un traitement particulier approprié à leurs besoins. Plusieurs enfin, ne supportant pas la rigueur du climat sous lequel elles ont été transportées et, incapables de toute acclimatation, ne peuvent vivre que dans la température factice des serres.

Les plantes indigènes ou naturelles vivent, au contraire, dans leur climat natal, sans trop souffrir de ses rigueurs accidentelles et s'y reproduisent, par les seules forces de la nature, sans tous les soins nécessaires à d'autres.

Pendant que le Catalpa, le Datura, le Magnolia et d'autres plantes exotiques, ou ne peuvent croître que dans certaines conditions de terrain, d'exposition et de culture, ou n'ont pas de semences, ou n'en ont que d'inféconds, le chêne croît dans tous les sols; sa graine est toujours organisée pour la reproduction de l'espèce et n'a besoin, pour se défendre contre les intempéries, que d'un lit de feuilles, de mousse tendre ou d'herbe fines.

Le germe de son gland s'implante facilement dès que la terre est amollie par les pluies d'automne; et l'arbre qui en provient acquiert, sans culture, les plus fortes dimensions, quand le sol est assez profond et assez riche.

Pourquoi ces différences ? C'est que le chêne est une plante naturelle, vivant sans trop de souci de son propre climat; tandis que les plantes que nous avons citées ne sont pas et ne paraissent devoir être jamais assez acclimatées pour pouvoir se régénérer sous notre ciel, comme elles se régénéreraient sous le climat de leur patrie natale.

Si j'ai cité le chêne comme type des essences naturelles, c'est que de tous les arbres indigènes, c'est celui qu'on rencontre le plus communément à toutes les latitudes de notre pays; mais je ne parle ici que des espèces de chênes les plus connues, le rouvre ou le pédonculé. car d'autres espèces n'habitent, à l'état naturel. que dans des lieux très-restreints.

Il importe d'ailleurs de bien définir le mot indigène ou naturel ou plutôt d'en préciser le sens. en faisant observer que dans une région aussi étendue que la France, une essence peut être indigène sur certains points et ne pas l'être sur d'autres. L'indigénéïté tient. en effet non seulement à la latitude du lieu d'origine. mais encore à son altitude, ainsi qu'à la nature du sol.

Le pin maritime a une patrie primitive dans les terrains siliceux de la partie de l'ancienne province de Guienne, qui longe le golfe de Gascogne et, en qualité de plante naturelle à cette contrée, il s'y reproduit avec une merveilleuse spontanéïté. Cette essence s'est fait une patrie d'adoption dans les plaines sablonneuses de la province du Maine ; son existence n'y est toutefois que le résultat d'une acclimatation tentée avec succès vers la moitié du dix-huitième siècle, mais il n'y est pas complétement naturalisé. car sa reproduction ne s'y opère spontanément que dans des circonstances tout à fait exceptionnelles ; or. on sait qu'une essence n'est ni indigène. ni naturalisée, là où sa croissance n'est pas spontanée.

Le chêne-liége est indigène et se reproduit naturellement dans les sables du Sud-Ouest du département des Landes, tandis que nous ne l'avons pas rencontré à l'état naturel dans les terrains semblables du département contigu de la Gironde.

Le chêne tauzin habite les sols maigres, le plus souvent à base siliceuse, de certaines provinces de l'Ouest de la France, tandis que le chêne vert et le chêne kermès ont leurs lieux d'habitation sur les terrains calcaires du Sud-Est.

Certaines plantes naturelles des latitudes méridionales ne peuvent s'acclimater, ou ne s'acclimatent que difficilement sous des latitudes plus au Nord, comme certaines essences, vivant sur les hautes montagnes rafraîchies par l'humidité des nuages, s'habituent difficilement dans les plaines.

Il est à remarquer toutefois que la flore du Nord est beaucoup moins variée que celle du Midi ; que les plantes des pays froids s'accoutument plus facilement aux climats tempérés que les plantes du Midi ne s'accoutument aux climats trop rigoureux du Nord; analogie remarquable entre les plantes et les hommes, que, dans l'histoire du monde, nous voyons souvent descendre du Nord vers le Midi, tandis que les habitants des pays chauds n'ont jamais fondé dans les régions du Nord d'établissements durables.

Les plantes indigènes ne sont pas, d'ailleurs, sans avoir, pour certains sols, des préférences, ou même des exigences en rapport avec leur constitution. Ainsi, sous une latitude déterminée, le châtaignier se déplaît dans les terrains calcaires et recherche les terrains à base siliceuse.

Le frêne demande une terre fraîche et humide ; l'aune veut une terre aquatique ou des vallées mouillées, et chaque essence croît avec d'autant plus de vigueur, que les besoins de son tempérament sont satisfaits.

III.

Entrons sous la voûte d'une futaie serrée de chênes et de hêtres. Les arbres sont tellement rapprochés, que leur feuillage laisse difficilement passer quelques rayons de soleil, et sur le sol recouvert du terreau formé par d'innombrables feuilles et d'autres débris ligneux accumulés depuis des siècles, aucune plante n'apparaît, si ce n'est, en certains terrains, quelques houx se contentant, pour leur lente croissance, du demi-jour que tamisent les rameaux peu fournis des vieux chênes.

La fructification du chêne vient-elle à réussir, malgré l'état serré du massif, les glands tombent à l'automne, ils germent au printemps suivant ; mais sous cet épais ombrage, les jeunes tiges grêles et blanchâtres sèchent et meurent faute de lumière, condition principale de toute végétation.

Force est donc, quand on veut remplacer l'ancienne futaie par une plus jeune, de l'éclaircir et de ne réserver que la quantité nécessaire d'arbres générateurs pour favoriser leur fructification, l'ensemencement du sol, la germination des graines et la croissance des jeunes brins.

Les sylviculteurs qui ont occasion de provoquer ces régénérations en connaissent toutes les difficultés.

Dès que la futaie est éclaircie, dès que l'air circule, que le soleil éclaire la terre et l'échauffe, une végétation, appropriée à sa nature minéralogique et, souvent, toute autre que celle attendue, apparaît spontanément.

Ce sont d'abord, parmi les plantes d'une flore variée, des herbes ou des ronces ou des bruyères qui, le plus généralement, contrarient, soit la germination des graines semées par les grands arbres, soit la croissance des jeunes brins, si on n'a pas soin d'en débarrasser ces derniers.

Plus tard, après l'abatage des porte-graines désormais inutiles et gênants pour la génération nouvelle, le forestier rencontre, parmi les brins de chêne et de hêtre, quantité d'autres essences. Ce sont également, suivant la nature du sol et des peuplements d'alentour, des trembles, des charmes, des bouleaux, divers fruitiers, etc.

Quelle est la cause d'une pareille invasion?

D'où proviennent tant d'arbustes, d'arbrisseaux et d'arbres inattendus?

Si toutes ces plantes n'ont paru qu'après l'abatage de l'ancienne futaie, c'est évidemment parce qu'elles ne trouvaient pas, auparavant, les conditions nécessaires à leur naissance et à leur développement.

IV.

Les plantes, on le sait, sont divisées en phanérogames dont les organes reproducteurs sont apparents, et en cryptogames chez lesquels ces organes sont inconnus et invisibles.

Les premiers produisent une semence perceptible et leurs moyens de régénération sont d'une observation assez facile.

Tantôt cette semence, plus ou moins grosse et lourde, est dépourvue de membrane ailée et s'écarte peu du lieu où elle est née (celle du chêne, du hêtre, du châtaignier, etc.), et on comprend que cette difficulté d'expansion diminue les chances de reproduction de ces essences; tantôt elle est munie d'une aile ou de plusieurs à l'aide desquelles le vent la transporte au loin (celle des charmes, des érables et de beaucoup d'essences résineuses.)

Chez d'autres plantes, la semence plus exiguë et plus légère est aussi, tantôt ailée (celle des ormes, des bouleaux, des frênes, etc.), et peut s'envoler au loin, tantôt sans ailes (celle des bruyères, des genêts, des ajoncs, des ronces, de beaucoup de graminées), et tombe généralement au pied de ces arbustes.

La propagation des bouleaux et des frênes au milieu des jeunes générations de chênes et de hêtres, s'explique par la facilité de dispersion, à chaque automne, de leurs semences ailées.

Dans la végétation des plantes, on doit distinguer la germination et le développement de la tige.

Pour la germination, il faut une certaine proportion d'air, de chaleur et d'humidité ; pour la croissance de la plante, avec les mêmes conditions, il faut de la lumière. Certaines plantes ont d'ailleurs plus besoin de lumière que d'autres. Ainsi le chêne, le bouleau, le tremble, le pin maritime, le pin sylvestre en exigent plus que le hêtre, le sapin, le houx et certains arbrisseaux.

Avant que la futaie ne fut abattue, quand les graines des bouleaux et des trembles, en franchissant l'espace, se répandaient à l'automne sur un sol couvert de feuilles, elles s'insinuaient parmi les dépouilles des arbres et étaient bientôt recouvertes par d'autres feuilles sous lesquelles elles n'avaient ni assez d'air, ni assez de chaleur pour germer au printemps suivant; mais, quand après la disparition de la futaie, les semences de bouleaux et de trembles se sont répandues sur un sol découvert et labouré par l'exploitation, leurs germes, exposés à l'air et échauffés par le soleil, ont donné naissance à cette quantité de jeunes bois tendres et avides de lumière qui, en disputant aux meilleures essences l'air, l'espace et les principes minéraux du sol, en sont plus souvent les dangereux rivaux que les utiles auxiliaires.

Dès que les futaies sont éclaircies, avons-nous dit, dès que l'air, la chaleur, la lumière sont suffisants pour les besoins de la germination et de la végétation, certains arbustes apparaissent.

Ces arbustes restant peu élevés, leurs graines n'ayant pas d'ailes, le vent est sans prise sur les semences quand celles-ci s'échappent de leur enveloppe, et elles tombent au pied des sujets qui les ont produites ; mais s'il en est ainsi, si certains arbustes ne peuvent provenir que des graines tombées aux lieux mêmes où ils sont nés, comment expliquer l'apparition de ces arbustes dans un sol où, avant que la futaie n'eût été suffisamment éclaircie pour l'ensemencement du sol, il n'y avait eu, depuis deux siècles peut-être, aucune trace d'arbustes de même espèce?

V.

Les arbustes si divers dont je parle proviennent des semences de plantes congénères qui vivaient, avant la futaie, sous le couvert prolongé de laquelle ils avaient fini par disparaître, faute de lumière.

Revêtues d'un tégument dur et résistant, ces semences, tombées sur le sol, avaient été recouvertes par les dépouilles et les débris des arbres, et étaient restées, pendant toute la durée de la futaie, enfouies sous le terreau formé par ses détritus annuels.

Garanties dans ce silo naturel contre les influences atmosphériques, elles conservaient intactes, sous une enveloppe peu corruptible, les germes qui n'attendaient pour éclore que l'air, la chaleur et l'humidité nécessaires à l'expansion de leur force vitale.

Rien n'est plus facile à comprendre, si on se rappelle cette circonstance que, dans les tombeaux des pyramides d'Égypte, des grains de froment ont conservé jusqu'à nos jours leur puissance germinative, que leur germe s'est réveillé à la lumière et que, semés après plusieurs siècles, ils ont produit un blé des espèces primitives, très-peu différentes des espèces actuelles; si on sait que, dans beaucoup d'autres tombeaux d'une antiquité très-reculée, les graines de certains arbustes, restées parfaitement intactes ont, après avoir été mises en terre, donné naissance à des plantes de mêmes espèces.

Mais les semences d'arbustes n'ont pas seules la faculté de se conserver en terre ; celles de plusieurs arbres ont la même propriété ; nous pourrions citer, parmi les bois feuillus,(1) non seulement la graine de bouleau, mais toutes les graines dont l'enveloppe sèche et dure peut préserver les germes d'une altération trop prompte.

Les forestiers savent avec quelle peine se conservent dans les greniers, de l'automne au printemps, le gland, la châtaigne, la faîne.

Composées à l'intérieur d'une substance molle, humide et charnue, à l'extérieur d'une enveloppe

(1) Dans le langage forestier, on distingue les bois *feuillus*, c'est-à-dire les bois avec feuilles proprement dites des bois *résineux* dont les feuilles linéaires, raides et acuminées sont, par cette raison, dites aiguilles.

peu résistante, ces semences, tantôt se dessèchent et se durcissent quand elles sont isolées; tantôt fermentent et s'altèrent quand elles sont entassées, tandis que les graines plus dures de beaucoup d'autres essences se maintiennent longtemps dans un état convenable.

La propriété que possèdent les graines de se conserver en terre, ou à la surface du sol, après leur chûte, dépend essentiellement aussi de leur constitution.

Le gland est facilement altéré par les intempéries et, sans quelque abri naturel, il se pourrit par la gelée ou se dessèche par la chaleur.

Peut-être assez profondément enfoui, se conserverait-il sans altération : mais, dans ce cas, il ne saurait germer et le jeune plant ne pourrait percer la terre.

D'autres semences se conservent dans une couche superficielle assez mince que leurs cotylédons ont d'ailleurs d'autant moins de peine à soulever, après la germination, que le terreau qui recouvre le sol des forêts est presque toujours assez léger et assez meuble.

Combien d'observations démontrent, d'ailleurs, l'immense accumulation, dans le sol, de semences de plantes les plus diverses.

Sur une terre un peu siliceuse et maigre convenant aux plantes silicicoles, telles que le genêt, la bruyère et l'ajonc, s'élevait, aux confins d'une vaste forêt, une jeune futaie de chêne et de hêtre de 70 ans.

Le couvert et le détritus de ces feuillus avaient amélioré le sol ; mais à l'époque où était en faveur l'idée de remplacer les futaies par des taillis, la jeune futaie fut sacrifiée et éclaircie dans le but d'une conversion de ce genre.

Dans leur isolement, les chênes et les hêtres réservés séchèrent en cime. Quant aux souches des arbres exploités à un âge déjà trop avancé, elles ne produisirent que de rares et maigres cépées, et le sol, après la disparition de son lit de détritus, se couvrit de bruyères.

On chercha à réparer le mal. Le sol fut écobué a feu couvert ; les cendres furent répandues à la surface ; des graines de pin maritime et de pin sylvestre furent semées et on passa la herse.

L'année suivante, la bruyère, qui avait été coupée rez-terre pendant l'écobuage, repoussa ; de jeunes plants apparurent, mais pins et bruyère furent bientôt dominés par d'innombrables genêts d'une végétation luxuriante.

Deux ou trois ans plus tard, les pins paraissaient si rares et si grêles au milieu de ce fourré de genêts, qu'on songeait à les en débarrasser ; mais entre la crainte de les voir étouffés par les arbustes et celle de les endommager dans l'extraction de ceux-ci, on laissa agir la nature et on fit bien, puisque quelques années après, les pins devenus très-nombreux dépassaient à leur tour les genêts.

Bien longtemps avant la naissance de la bruyère et des genêts, le terrain possédait, sous les couches de détritus, produit des futaies de chênes et de hêtres qui s'étaient succédé les unes aux autres, des semences des bruyères et des genêts qui avaient vécu à une certaine époque et ces semences n'attendaient, pour germer et pour produire une génération nouvelle, que l'occasion favorable.

Après l'abatage de la futaie, c'est d'abord la bruyère qui avait paru, car la mise au jour du terrain n'avait pas suffi pour la reproduction du genêt et celui-ci ne s'était montré que quand la préparation du sol par l'écobuage avait favorisé la germination de sa semence.

Arrivé d'ailleurs au terme de sa croissance, cet arbuste avait fini par joncher la terre de ses débris, après l'avoir ensemencée de graines nombreuses, qui, elles aussi, germeront un jour et produiront d'autres genêts, quand, après l'abatage des pins devenus grands, la terre qui les recèle aura été remise au jour.

Qui n'a vu, soit après les coupes des plus anciennes futaies pleines, soit après les coupes de taillis, des terrains forestiers se tapisser de genêts ou de bruyères. Bientôt, sous le couvert des arbres ou des rejets grandissant, disparaissent ces arbustes ; mais leurs graines restées en terre, dans les futaies peudant plus d'un siècle et dans les taillis pendant l'intervalle, plus court, d'une exploitation à une autre, produisent, après la coupe suivante, une génération nouvelle.

Autre exemple de la spontanéïté de la reproduction des semences forestières en réserve dans le sol.

Le pin maritime forme, dans l'ancienne Gascogne, des forêts étendues, soumises à l'extraction résineuse.

Dans ces forêts, quand la bruyère et l'ajonc abondent et s'élèvent avec vigueur entre les grands pins assez espacés pour recevoir les rayons solaires dont la chaleur favorise l'exsudation de la résine, le double couvert des arbustes et des pins s'oppose à la germination des innombrables graines qui tombent annuellement des arbres ; mais si les arbustes sont moins nombreux et d'une croissance moins vigoureuse, les graines lèvent peu de temps après leur chûte.

Dans ce cas, les peuplements se composent de bois de divers âges et ont l'irrégularité des forêts jardinées.

Quelle que soit d'ailleurs la nature du terrain, dès qu'épuisés par une longue production résineuse, les arbres ont été tous abattus et exploités, quand l'ajonc et la bruyère ont été écrasés, arrachés ou comme récépés par cette exploitation, quand le sol a été ainsi remué et que, débarrassé des arbres qui le dominaient, il n'est plus couvert que de débris bientôt pourris et réduits à l'état de terreau, on ne tarde pas à voir reparaître une forêt nouvelle aussi florissante que celle qui vient d'être abattue.

Dans les mêmes contrées, nous avons vu d'autres futaies résineuses sous l'ombrage desquelles n'existaient que quelques arbustes, et dont le sol se recouvrait d'un magnifique peuplement de jeunes pins, dès qu'un incendie, si fréquent et si dangereux avec des éléments aussi combustibles, avait consumé ces futaies.

C'est que, quand l'ardent soleil de ces contrées éclaire les terrains ainsi découverts, les germes des graines soumises aux influences alternatives des pluies et de la chaleur brisent leur enveloppe pour former d'autres peuplements.

Enfin, nous pourrions encore citer, sur les côtes du golfe de Gascogne, des dunes de sables qui, au commencement de ce siècle, avaient été peuplées en résineux exclusivement, et dans lesquelles cependant le chêne ordinaire et le chêne liége se sont plus tard montrés et multipliés par une cause toute naturelle.

Les oiseaux domiciliés dans ces forêts, ou ceux qui les habitent momentanément pendant leurs émigrations périodiques, recherchent les glands des chênes d'alentour et s'en nourrissent ; mais quand ils sont rassasiés, un instinct depuis longtemps observé les porte à en disperser un grand nombre aux mille places où ils s'arrêtent dans leurs courses aériennes. Ainsi dispersés sur un sable toujours meuble et sous le clair et léger feuillage des pins, les glands ne tardent pas à germer et à produire un peuplement considérable de chênes, vivant dans une merveilleuse affinité avec les résineux au milieu desquels ils sont nés.

Nous avons été témoin, sur divers points de la France, de phénomènes de reproduction forestière analogues, mais nous n'en avons pas vu de plus remarquables que dans les contrées méridionales où les forces naturelles de la végétation sont en rapport avec la puissance du soleil.

On voit ainsi, de quelle variété de moyens dispose la nature pour propager les essences naturelles, et à l'aspect des générations qu'elle crée d'une manière si inattendue et par des procédés si différents de ceux qu'emploie le forestier ou l'agriculteur, on comprend avec quelle rapidité, abandonnées à elles-mêmes, les forêts se propageraient dans les terrains appropriés à la croissance des espèces indigènes: mais à une époque comme la nôtre, où les forêts s'en vont si rapidement, la crainte de pareilles invasions par la nature forestière serait assurément bien chimérique.

Libre d'user et d'abuser des biens dont il dispose, l'homme a des moyens de destruction encore plus énergiques que les forces naturelles de la reproduction des plantes. Nous sommes bien loin d'ailleurs du temps où force était d'abattre les forêts pour étendre les autres cultures nécessaires à l'expansion de la race humaine, ainsi qu'au développement de la civilisation, et il est évident qu'actuellement la société aurait plus d'intérêt à conserver le peu de forêts qui lui restent, qu'à les détruire.

Si, à certaines époques, en effet, les forêts créées avec tant de libéralité étaient surabondantes, elles sont aujourd'hui insuffisantes. Cependant, malgré toute leur importance dans l'ordre naturel comme dans l'ordre économique, elles diminuent de jour en jour, et si vous voulez le permettre, je vous entretiendrai un jour des déplorables conséquences de ce déboisement dans les départements du Nord, et en vous faisant remarquer la nature et l'intimité des relations qui règnent entre l'industrie minière de ces contrées, j'espère pouvoir vous démontrer la nécessité de la conservation des forêts pour l'existence même de cette grande industrie.

VI.

Ce n'est pas seulement par la semence que se reproduisent les forêts.

Les racines de certaines plantes conservent plus ou moins longtemps en terre, quoique les tiges aient disparu, une vitalité puissante et, dans des conditions données, elles sont capables de produire des tiges nouvelles.

Indépendamment de la propriété qu'ont plusieurs essences, le chêne notamment, quand leurs tiges ont été abattues rez-terre à un âge peu avancé, de se reproduire par les souches et de former de nouveaux rejets au collet de la racine, qui ne sait avec quelle puissance drageonnent quelques bois tendres à racines traçantes, certains fruitiers, le tremble, dont les vigoureux rejets infestent les forêts non moins que ses brins de semences et d'autres essences, telles que le hêtre que, dans des forêts en montagnes où on l'exploite en taillis, nous avons vu se perpétuer autant par drageonnement que par rejets de souches.

La faculté de reproduction par la racine peut même expliquer plusieurs faits de régénérations forestières.

En certaines années de glandée et de faînée, le sol se couvre, sous les futaies de chêne et de hêtre, de semences qui germent au printemps suivant ; mais si le couvert est trop épais et trop persistant, les jeunes brins de chêne, comme nous l'avons dit, s'élèvent peu ; leurs feuilles sont blanchâtres, la sève d'août reste sans effet et ils sèchent sur pied.

Au printemps des années suivantes, une nouvelle pousse repart de la racine, et il n'est pas de forestier qui n'ait eu occasion de remarquer que ces pousses sont de plus en plus faibles jusqu'au moment où il ne puisse plus s'en former aucune.

Mais dans la terre où elles trouvent les conditions de vie qui manquaient aux jeunes brins, les racines ne périssent pas aussi vite ; elles restent vivaces pendant quelque temps, n'attendant, comme les graines dont nous avons parlé, que la lumière pour produire des tiges plus vigoureuses que les tiges disparues.

Nous avons été témoin de résurrections de ce genre, non seulement dans des parties de forêts sous l'ombrage desquelles les brins de chêne étaient tellement étiolés, qu'on les croyait incapables de reprendre une vie nouvelle, mais même dans d'autres parties où il n'y avait plus trace des brins qui s'étaient montrés les années précédentes.

Dans l'intervalle des glandées plus abondantes, tombe, chaque année, sur le parterre des futaies pleines, un certain nombre de glands qui produisent des tiges s'étiolant aussi sous le couvert, mais dont les racines plus vivaces servent aussi d'éléments pour la reproduction dans les terrains qui sont découverts par l'exploitation des futaies.

C'est même à ces germes souterrains que devaient être attribuées en partie les régénérations des coupes du système dans lequel on se bornait autrefois à abattre les futaies de proche en proche (1) sans se préoccuper de savoir si les étendues à exploiter étaient suffisamment ensemencées, et sans laisser sur pied assez d'arbres générateurs pour assurer partout cet ensemencement (2).

(1) C'est ce genre d'exploitation qui est désigné sous le nom de tire et aire dans la célèbre ordonnance de 1669, sur les eaux et forêts.

(2) Dans une magnifique futaie de chêne et de hêtre appartenant au descendant d'une des plus grandes familles de France, cet ancien mode d'exploitation continue à être appliqué.

On sait aussi avec quelle facilité la ronce, dans les terres franches, et la bruyère, dans les terres siliceuses, se régénèrent non seulement par les graines, mais aussi par les racines. On sait combien il est difficile de débarrasser un terrain de ces parasites de la pire espèce, avec quelle persistance et avec quelle vigueur ils repoussent.

Supposons qu'à force de soins, on soit parvenu à

Chaque année, quelque minime que soit le nouveau peuplement, et souvent il n'en apparaît aucun, une portion de la vieille futaie est abattue sans aucune réserve, et cependant peu d'années après il se montre au milieu de quantité de bouleaux croissant dans les parties ainsi découvertes un assez grand nombre de chênes provenant de racines demeurées vivaces dans le sol.

Du reste, tout en indiquant une des causes de reproduction dans les coupes ainsi exploitées, nous nous garderons bien de justifier ce système.

A certains moments, quand les germes sont abondants, il peut avoir son utilité ; mais il a aussi les plus graves inconvénients, car on ne peut toujours compter sur la reproduction des jeunes racines. Elles périssent en terre quand le sol reste trop longtemps couvert par la futaie; et si, faute d'une succession convenable dans l'ensemencement et dans l'enracinement du germe des glands, la vieille futaie est abattue après que toutes ces racines ont perdu, avec leur vitalité, leur puissance reproductive ; si, d'un autre côté, la fructification manque, et si l'ensemencement ne s'opère pas au moment de l'exploitation, il n'apparaît, au lieu de jeunes chênes, que des plantes inutiles dont les graines et les racines vivaces existant dans le sol n'assurent que trop la reproduction, et force est, dans ce cas, de recourir à des moyens artificiels, à des semis ou à des plantations de bonnes essences pour obtenir une forêt nouvelle.

en débarrasser la surface du sol, tout ce que nous avons vu nous porte à croire que, privées de vie apparente et extérieure, ces plantes continuent néanmoins, pendant très-longtemps, à exister souterrainement par les racines échappées aux efforts inutilement faits pour les détruire entièrement.

Ces racines, qu'on rencontre souvent en fouillant les terrains forestiers, conservent une puissante vitalité prête à se manifester dès que le sol sera découvert.

VII.

On doit comprendre combien cette variété et cette puissance de reproduction rendent difficile la culture des essences les plus utiles que le forestier est obligé de protéger contre tant de plantes envahissantes.

Du reste, à part la différence des plantes, les choses ne se passent pas autrement dans la culture forestière que dans la culture des champs.

La terre renferme, en quantité innombrable, dans ses couches superficielles, les graines et les germes des plantes naturelles qu'elle nourrit depuis la création, et tout le monde sait avec quelle vigueur ces dernières se développent aussi partout ailleurs que dans les forêts.

L'espèce de ces plantes varie d'ailleurs suivant la nature du sol, suivant la culture et suivant d'autres circonstances locales.

Ainsi, dans les landes incultes, croissent les plantes les plus rustiques et les plus sauvages : les bruyères, les ajoncs, etc. Aucun frimat n'empêche ni leur floraison, ni leur fructification ; leurs graines se conservent indéfiniment dans le sol, leurs racines ont une vitalité extrême, et leur puissance de reproduction, par la graine et par les racines, est telle, que quand on veut défricher ces terrains et les soumettre à une culture agricole, c'est seulement à force de sarclages multipliés qu'on peut les en débarrasser complètement.

Les plantes naturelles qui croissent dans les terrains cultivés sont, il est vrai, moins rustiques que celles des terres incultes; cependant elles sont aussi très-nuisibles en agriculture.

Il en est qui restent plus ou moins longtemps vivaces, d'autres sont annuelles : les unes se perpétuent par les racines, mais le plus grand nombre se reproduit par la graine.

Si le sol est en jachère, quantité de ces graines ne peuvent germer : mais dès qu'il est ameubli par la culture, la germination s'opère, et les arbustes sauvages, s'élevant avec les plantes précieuses, étoufferaient celles-ci ou en amoindriraient le rendement, s'ils n'étaient extraits par des sarclages qui, fréquemment répétés avant que les arbustes ne puissent fructifier, préviennent la trop grande invasion des graines de ces arbustes et finissent même, à la longue, par en purger la terre.

Il n'en est pas autrement dans la culture forestière, car il ne faut pas croire que le chêne, ce roi des forêts, qui, à un certain âge, les domine de toute sa hauteur, se soit ainsi élevé sans difficultés et sans épreuves.

Après l'abatage de l'ancienne futaie, à la naissance de la nouvelle forêt, les jeunes chênes sont envahis par quantité d'arbustes dont il faut aussi les débarrasser au moyen de sarclages.

Mais après les arbustes, apparaissent les bois d'ordre inférieur qui domineraient et étoufferaient les chênes, si ceux-ci n'en étaient également débarrassés par des nettoiements qui ne sont eux-mêmes qu'une sorte de sarclages plus nécessaires souvent que les premiers, car abandonnées aux forces puissantes mais désordonnées de la nature sauvage si éloquemment décrite par Buffon, les forêts ne seraient qu'un chaos des plantes les plus diverses, dans lequel les bois précieux disparaîtraient, étouffés par les arbres les moins utiles.

VIII.

Dans le règne des plantes phanérogames forestières, il faut distinguer deux mondes, le monde souterrain et le monde aérien.

Dans le monde souterrain, les germes restent plus ou moins longtemps enfermés, la germination s'élabore, les racines se disposent et l'arbre prend son assiette: c'est dans la terre que les arbres puisent les principes minéraux, sels et oxides, qui entrent dans leur composition.

Dans le monde aérien, s'élèvent ces arbres qui, en décomposant l'acide carbonique pour s'en assimiler le carbone et en dégager l'oxigène, sont une cause puissante d'assainissement de l'atmosphère, à tel point, qu'il y a et qu'il y aura toujours de grandes différences dans l'état sanitaire des pays boisés et des pays déboisés. S'élèvent ces forêts, qui contribuent à la régularité des climats, qui protégent contre les tempêtes et qui satisfont à des besoins essentiels de l'humanité; s'élèvent enfin ces hautes futaies dont les magnificences consolent de la nudité des plaines déboisées et dont les harmonies élèvent l'esprit de l'homme qui n'a pas perdu toute poésie et tout sentiment des beautés de la nature.

Les hétérogénistes ne trouveraient, on le voit, dans l'observation des générations des plantes phanérogames forestières, rien qui pût justifier leurs théories.

Cependant nous avons rencontré des forestiers qui, à la vue de générations inattendues d'arbustes, loin de remonter aux causes premières de ces générations, s'imaginaient, presque comme les hétérogénistes, que dérogeant aux lois ordinaires et uniformes de la reproduction des êtres, la nature avait pu, par ils ne savaient quelles opérations mystérieuses, donner, sans germes préexistants, naissance à ces plantes d'ordre inférieur : mais avec un peu d'observation, et en réfléchissant aux moyens dont la nature dispose pour perpétuer les phanérogames, ils auraient épargné à leur imagination de pareilles erreurs et compris que ces genêts, ces ajoncs, ces ronces, ces graminées, etc., ne pouvaient provenir que de semences ou de racines d'arbustes des mêmes espèces de générations antérieures disparues.

En ce qui concerne les plantes cryptogames, il est vrai qu'il est impossible de se rendre un compte satisfaisant d'une reproduction dont les moyens échappent à l'observation et à l'analyse ; mais ce n'est point une raison de supposer que ces plantes se forment et se développent en dehors des lois qui régissent la formation des phanérogames.

Les fougères, les champignons, apparaissent généralement chaque année à des époques périodiques, et la naissance des champignons paraît subordonnée à certaines circonstances à défaut desquelles ils ne se montrent pas, ou ne se montrent qu'en quantité beaucoup moindre qu'à l'ordinaire.

Les lichens ne s'attachent aux arbres que dans certaines circonstances connues de végétation.

Les agarics ne se montrent sur les essences forestières que quand la décomposition de celles-ci commence, et, à la vüe de ces parasites, on peut affirmer que les sujets qui les portent sont gravement altérés dans leur organisation.

Ne pourrait-on pas induire de ces observations,

que les arbres sur lesquels apparaissent les cryptogames en contiennent les principes et les germes, comme on le remarque dans les champignons dont les spores ne sont sans doute que des graines légères destinées à être emportées par l'air pour servir à la reproduction, ou bien que, quelle qu'en soit la provenance, ces principes et ces germes se déposent mystérieusement dans le sol ou sur les arbres, et qu'en tout cas, ils ne peuvent se développer que dans des conditions déterminées et par des moyens dont la nature gardera peut-être toujours le secret.

De ce que l'homme ne connaît pas le mode de génération des cryptogames, il ne s'ensuit pas que cette génération s'opère sans germes préexistants; au contraire, si on remarque la périodicité de reproduction de ces espèces, la concordance qui existe entre la reproduction de certaines d'entre elles et les circonstances à l'aide desquelles celle-ci paraît s'opérer, on doit penser que cette reproduction a lieu en vertu d'une loi constante et uniforme, et que, malgré l'extrême différence dans la manière d'être des germes des uns et des autres, la nature se comporte d'une façon analogue dans la génération des cryptogames et dans celle des phanérogames.

De l'observation des divers faits naturels dont l'énumération précède, nous concluons, en résumé, que les générations des plantes naturelles sont spontanées en ce sens, qu'elles peuvent s'opérer par les seules forces de la nature : non pas, il est vrai, sans germes, comme le croient possible les hétérogénistes, mais toujours au moyen de germes préexistants et produits eux-mêmes par des plantes de mêmes espèces.

Il est assurément digne de remarque que, dans le règne végétal comme dans le règne animal, ce sont les individus les plus exigus, les plus microscopiques, ceux dont les semences et les germes sont par conséquent encore plus imperceptibles à l'œil, qui sont considérés par les hétérogénistes comme ayant été engendrés spontanément dans le sens qu'ils donnent à ce dernier mot, tandis que ceux-ci n'ont jamais attribué la même origine de production aux individus d'un volume perceptible.

Aussi, est-ce sans doute parce que la faiblesse ou la grossièreté de nos sens ne nous permet pas de percevoir certains animalcules ou certaines plantes de dimensions tout à fait inférieures, et encore moins leurs semences ou leurs racines, que l'idée est venue aux hétérogénistes de chercher à expliquer l'existence de ces êtres par une génération sans germes préexistants, c'est-à-dire par un genre de production essentiellement contraire à tout ce qui se passe sous nos yeux dans la nature vivante.

AMIENS, IMPRIMERIE DE E. YVERT, RUE DES TROIS-CAILLOUX, 61.

www.ingramcontent.com/pod-product-compliance
Ingram Content Group UK Ltd.
Pitfield, Milton Keynes, MK11 3LW, UK
UKHW020218180726
13838UKWH00005B/2067